野菜には科学と歴史がつまっている

ピーマンは コロンブスの かんちがい？

キム・ファン／作　おかいみほ／絵

コロンブス？
ぼくたちとなんの関係が
あるんだ？

それがね、
すごくかかわって
いるみたいなの

いまから500年以上も前の大航海時代のこと。

「女王様、わたくしがインドに行って、
かならずコショウを持ちかえってみせます！」

イタリア出身の冒険家、コロンブスは、スペインの女王と固く約束した。
コショウは、インドなどのアジアの熱帯でとれる香辛料。
当時のヨーロッパでは「スパイス（香辛料）の王様」とよばれていたよ。
同じ重さの金と交換されるほど、たいへん価値があったんだ。

コショウって、
わたしたちとちがって
ずいぶん背が高いのね

ちょっと待って。
なんでピーマンじゃなくて、
コショウのはなしなの？

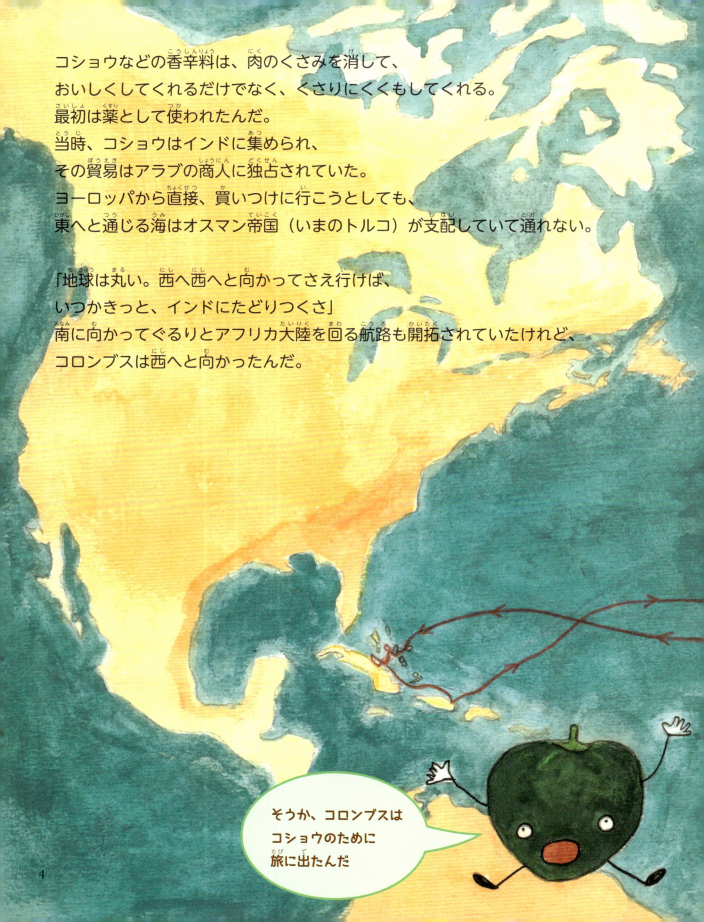

コショウなどの香辛料は、肉のくさみを消して、
おいしくしてくれるだけでなく、くさりにくくもしてくれる。
最初は薬として使われたんだ。
当時、コショウはインドに集められ、
その貿易はアラブの商人に独占されていた。
ヨーロッパから直接、買いつけに行こうとしても、
東へと通じる海はオスマン帝国（いまのトルコ）が支配していて通れない。

「地球は丸い。西へ西へと向かってさえ行けば、
いつかきっと、インドにたどりつくさ」
南に向かってぐるりとアフリカ大陸を回る航路も開拓されていたけれど、
コロンブスは西へと向かったんだ。

そうか、コロンブスはコショウのために旅に出たんだ

やった！ ついたぞ！
ところが、コロンブスがたどりついたのはインドではなく、
アメリカ大陸だった。
それでもコロンブスはインドだと思い、よろこんだ。
「見つけたぞ、これだ！ ひいっ、からい。
う、うぅん？ ……いやいや、まちがいない。こいつはコショウだ！」

そこで栽培されていたトウガラシをコショウとかんちがいして、
ヨーロッパに持ちかえったのさ。まったくちがう植物なのにね。
じつはこのトウガラシこそが、ピーマンの
ご先祖様なんだ。

まさか……！ ぼくたち、
もとはトウガラシだったの？
からくないのに？

ところで……。どうしてトウガラシってからいか知っているかな？
それは鳥に食べてもらいたいから。

じつは、鳥はからさを感じないんだ。
しかも鳥は歯がなくて丸のみにするので、大事なタネもつぶれない。
タネはうんちといっしょに出てきて、そこで芽を出すよ。

もしも動物や虫に食べられちゃったら、
タネもむしゃむしゃかみくだかれてしまう。
だからトウガラシは、動物や虫には食べられないように、
からくしたのさ。

からいのは鳥にだけタネを運んでもらうためか！ おいしそうにまっ赤になって、鳥に知らせる。かしこいなぁ

さてさて、ヨーロッパにわたったトウガラシ。
そこではいろんな名前でよばれたよ。
イギリスでは、からいコショウという意味の
「ホットペッパー」や、
赤いコショウを意味する「レッドペッパー」。
本当は「ペッパー」（コショウ）じゃないのにね。
そしてフランスでは「ピマン」、
イタリアでは「ペペロンチーノ」さ。

「からいのって、おいしいよね！」
動物の多くはからいのが苦手だけれど、
人びとはからいのが好き。
トウガラシは世界じゅうに広まっていったんだ。

イギリス
ホットペッパー
レッドペッパー

フランス
ピマン

イタリア
ペペロンチーノ

「ピマン？」これって、ぼくたちによく似た名前だよな

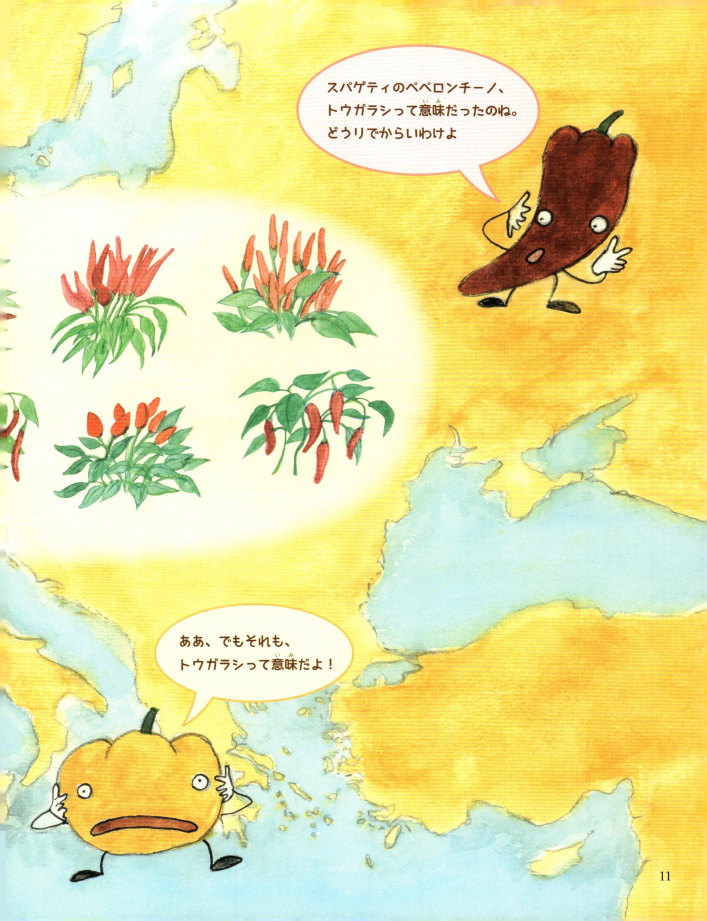

世界の料理にどんどん使われていったトウガラシだけど、
「コショウよりひりひりして、からすぎるわ！」
ってなことで、ヨーロッパの人たちの口には、あまりあわなかったんだ。

それでも、からいトウガラシを食べていると、
野菜がほとんどなくなる冬でも、体の調子はいい。
「なんとかして、もっとたくさん食べられるようにできないものか？」
からいのが苦手な人たちは考えた。

そこで目をつけたのが、からみの少ないトウガラシ。
「あまりからくないから、たくさん食べられるわ」と、
からみの少ないトウガラシを選んで植えては、
それからとれたタネを、また植えた。
長い年月をかけて、
からみをなくす改良をしていったんだ。
トウガラシを香辛料ではなく、
野菜として食べようとしたのさ。

そうやってハンガリーで
生まれたのが、パプリカ、
アメリカで生まれたのが、
ピーマンなのさ！

**野生の
トウガラシ**

ピーマンは、トウガラシを意味するフランス語の
「ピマン」がもとになっているんだって。
日本でもからくないトウガラシ、
シシトウガラシを野菜として食べているよね。

パプリカもぼくたちと
同じように、トウガラシを
からくないよう改良して、
つくったんだね

ふつう、野菜の実は中身がぎっしりつまっているよね。
どうしてピーマンやパプリカの中は、からっぽなのかな？
トウガラシは、実が小さいほどからみが強くなる。
かならずしもそうではないけれど、
逆に実が大きいほど、からくなりにくいんだって。
ピーマンはからみをなくそうと、皮の部分だけを大きくしたために、
中がからっぽになったのさ。
でも、野菜として食べるなら、実が大きいほうがいいに決まってるよね。

ご先祖様のトウガラシとくらべると、かなりすかすかだね

同じようにからくないトウガラシだけど、
ピーマンとパプリカは味がまったくちがうんだ。

緑色のピーマンが苦いのは、まだ熟していない実だから。
実の中のタネがじゅうぶんに育つ前に、
食べられちゃったらたいへんだよね。
だから食べられないよう、わざと苦くして、
動物や虫から守っている。
でも、この苦みは、人の体にとてもいい成分なので、
苦くてもピーマンを食べるのさ。

きみの苦みには、ちゃんとわけがあったんだ

パプリカは熟して色づいた実だから、あまいんだ。
苦いピーマンだって熟すまで収穫しないでいると、
パプリカみたいに赤くなり、あの独特な苦みもなくなるんだ。

いまでは、まだ熟していない緑色のものを「ピーマン」、
熟して色づいたものを「カラーピーマン」とよぶよ。
パプリカは大型のカラーピーマンさ。

ピーマンやカラーピーマンには、「ビタミンC」がたっぷり入っている。
ビタミンCがたりなくなると、イライラしたり、貧血を起こしたり、
よくないことが起こるんだ。

イヌやネコなど、ほとんどの動物は、自分の体の中でビタミンCをつくることができる。
けれども、チンパンジーやゴリラなどサルの仲間はつくれない。
もちろん、サルの仲間から進化した人間も同じ。
チンパンジーやゴリラはいつも食べている葉っぱや木の実から、
ビタミンCをじゅうぶんにとれるのでだいじょうぶ。
だけど、葉っぱや果実が主食でない人間は、
意識してとらないと、
たいへんなことになっちゃうよ！

えっ？ 人間って、そんな大事なものも自分でつくれないの？

ピーマンやパプリカにたっぷりあるビタミンCを見つけたのは、
ハンガリー出身のセント＝ジェルジという博士。
ビタミンCはとてもこわれやすく、それまでだれも取りだすのに
成功していなかったんだ。

セント＝ジェルジ博士は、台所に置いてあったパプリカを見て、
突然、ひらめいた。
「そうだっ！　まだパプリカは、だれも調べてないぞ！」
まだ熟していない緑色のパプリカを買い集め、
両はしを切りおとし、タネを捨ててすりつぶして、
研究室のみんなで大量のパプリカジュースを
つくったんだ。

ほかの研究者は、ビタミンCを
レモンやオレンジから
取りだそうとしてたんだ

いまでは世界のたくさんの国で、いろんなピーマンとパプリカがつくられているよ。

パプリカみたいな赤いピーマンや、白いピーマン。
バナナやトウガラシのような形をしたピーマンに、
トマトのような形をしたピーマンも。
色だって、オレンジ色や緑色、むらさき色の
パプリカもある。
ピーマンくらいの大きさの小さなパプリカもあるよ。

こんなにいろんな
ピーマンやパプリカが
あるのね！

そして、おどろかないでね！
ピーマン独特の、苦い味や香りがない
ピーマンだってあるんだ！

ピーマンの食べかたもいろいろ。
そのままサラダに入れて食べてもおいしいし、
炒めても、煮こんでもおいしいよ。
パプリカの粉は、料理を華やかにするんだ。
想像しただけでも、よだれが出るよね？

カラーピーマンが入ったサラダ、とってもきれい！

ところでコロンブスは、自分がたどりついたアメリカ大陸が、
本当にインドだと思っていたのだろうか？
本当にトウガラシをコショウだと、かんちがいしたのだろうか？
うーん……。わかっていたような気もするけどね。
たとえちがうと気づいていたとしても、女王と固い約束をしたから、
「まちがいでした」と言えなかったかもしれないね。

でも、この、コロンブスのかんちがいのおかげで、
トウガラシがヨーロッパに伝わったのは事実。
そう。コロンブスのかんちがいが、ピーマンを生んだのさ！

トウガラシじゃない
これはコショウだ！

ぼくたちが生まれたのは、
コロンブスのおかげだね

ピーマンあれこれ

塚越 覚（千葉大学環境健康フィールド科学センター）

世界のトウガラシ生産

ピーマンとトウガラシを合わせた世界じゅうでの生産量は、1年間で約3,600万トンです。ピーマンの生産量がもっとも多いのは中国です。いっぽう、スパイスとして使用するからみのある種類もたくさん生産されていて、乾燥粉末の赤トウガラシでは生産量の4割近くをインドが占めています。

まぎらわしいよびかた

コロンブスのかんちがいのように、日本でもトウガラシをコショウとよぶことがあります。「ゆず胡椒」のコショウがそうで、ユズとトウガラシからできています。長野の伝統野菜「ぼたんこしょう」は、小型のピーマンのような形をしたトウガラシです。

緑色のピーマン好き？

大型のカラーピーマンをパプリカとよび、そのほとんどは韓国からの輸入です。ところが、大きすぎて食べきれないこともあって、日本では小型のカラーピーマンが生産されるようになりましたが、緑色のピーマンの消費量には追いつきません。値段が高めだということもありますが、わたしたちが緑色のピーマンの味や香りになれていて、カラーピーマンにはなんとなく違和感があるからなのかもしれません。

子どもがピーマンを大好きになる？

子どもたちがきらいな野菜の上位に入るピーマン。日本のある会社が、子どもたちでも食べやすいピーマンをつくればいいのではと、苦みが少なくて、あまみを感じる種類を開発しました。また最近、日本のべつの会社がタネのないピーマンの開発に、世界ではじめて成功しました。へたを取りのぞくだけで調理ができるから便利だし、苦みを少なくしているので食べやすいピーマンです。まだ少ししか出回っていませんが、そのうち、ふつうに見かけるようになるかもしれません。

キム・ファン

1960年京都市生まれ。自然科学分野の絵本や読み物を多く手がける。『サクラ ―日本から韓国へ渡ったゾウたちの物語』(Gakken)が、第1回子どものための感動ノンフィクション大賞最優秀作品。紙芝居『カヤネズミのおかあさん』(童心社)で、第54回五山賞受賞。韓国でCJ絵本賞を受賞した『すばこ』(ほるぷ出版)が、第63回青少年読書感想文全国コンクール課題図書に。『ひとがつくったどうぶつの道』(ほるぷ出版)で、韓国出版文化賞を受賞するなど、日韓で著書多数。

おかいみほ　OKAI Miho

1965年神戸市生まれ。京都市立芸術大学美術学部卒。1990年イタリア国政府官費留学生として渡伊、土の精製工房・アトリエ・やきもの工房を開く。アニメーションに「おふとんパン」シリーズ(テレビ東京)、紙芝居に『へっちゃらかあさん』(脚本・絵／童心社)、絵本に『いちばーんのり』(BL出版)、『たたかえ！せいぎのげんきマン』『くろねこクロのハロウィンパーティ』(文研出版)など、国内外で多数出版。受賞に神戸長田文化賞、ヴェルニーチェ・アートフェアー金賞受賞(イタリア)ほか。
http://www.acfa.net/miho/

監修・解説／塚越 覚(千葉大学環境健康フィールド科学センター)
装丁・デザイン／イシクラ事務所

野菜には科学と歴史がつまっている
ピーマンはコロンブスのかんちがい？

2025年2月14日　初版第1刷発行

作	キム・ファン
絵	おかいみほ
発行人	泉田義則
発行所	株式会社くもん出版
	〒141-8488
	東京都品川区東五反田2-10-2　東五反田スクエア11F
電話	03-6836-0301(代表)
	03-6836-0317(編集)
	03-6836-0305(営業)
ホームページアドレス	https://www.kumonshuppan.com/
印刷所	TOPPANクロレ株式会社

NDC626・くもん出版・32P・26cm・2025年
ISBN978-4-7743-3431-8
©2025 Kim Hwang & Miho Okai & Satoru Tsukagoshi
Printed in Japan

落丁・乱丁がありましたらおとりかえいたします。本書を無断で複写・複製・転載・翻訳することは、法律で認められた場合を除き禁じられています。購入者以外の第三者による本書のいかなる電子複製も一切認められていませんのでご注意ください。
CD56260